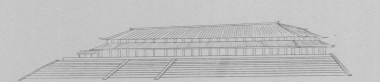

图书在版编目（CIP）数据

房屋的建造 / 史晓雷主编 ；李想著 ；毕贤昊绘. —
北京 ：北京出版社，2022.4
（时间里的中国）
ISBN 978-7-200-17063-4

Ⅰ．①房… Ⅱ．①史… ②李… ③毕… Ⅲ．①建筑史
—中国—少儿读物 Ⅳ．①TU-092

中国版本图书馆CIP数据核字(2022)第039201号

总 策 划：黄雯雯
责任编辑：张亚娟
封面设计：侯 凯
内文设计：魏建欣
责任印制：武绽蕾

时间里的中国
房屋的建造
FANGWU DE JIANZAO

史晓雷 主编 李想 著 毕贤昊 绘
*
北 京 出 版 集 团
北 京 出 版 社 出版
（北京北三环中路6号）
邮政编码：100120

网 址：www.bph.com.cn

北 京 出 版 集 团 总 发 行
新 华 书 店 经 销
河北环京美印刷有限公司印刷
*
889 毫米 ×1194 毫米 12 开本 4 印张 30 千字
2022 年 4 月第 1 版 2022 年 4 月第 1 次印刷
ISBN 978-7-200-17063-4
定价：69.00 元
如有印装质量问题，由本社负责调换
质量监督电话：010-58572393

时间里的中国

房屋的建造

史晓雷 主编

李想 著 毕贤昊 绘

北京出版集团

北京出版社

序　言

　　我们每个人的一生都在时间里度过。时间在悄无声息地流逝着，无论你是否意识到它的存在。对一个国家而言，流淌的时间积淀下来便汇成文明。

　　我们中国是举世闻名的四大文明古国之一，她拥有灿烂辉煌的历史与文明，养育了勤劳智慧的中华民族，生生不息，延续至今。

　　现在，我们将驾驶四叶小舟，它们分别是"服饰的秘密""民以食为天""房屋的建造""为了去远方"，乘着它们，沿着历史长河的脉络，从源头一直驶向现代文明，这样可以一览河流两岸旖旎的水光山色。

　　"服饰的秘密"小舟带我们瞥见远古时期山顶洞人的骨针与串饰，在马王堆汉墓薄如蝉翼的素纱禅（dān）衣前留下惊叹；品鉴华贵艳丽的盛唐女装，在《清明上河图》的贩夫走卒中流连。

　　"民以食为天"小舟带我们穿梭在纵横交错的饮食文化中：五谷的栽培与驯化，食材的引进与栽种，"南米北面"风俗的由来，喝酒与饮茶之风的形成，如此等等，不啻（chì）一趟舌尖上的中国之行。

　　"房屋的建造"小舟带我们徜徉在曾经的栖居之地，从穴居部落到宫殿城墙，从秦砖汉瓦到寺庙桥梁，从徽派民居到陕北窑洞，从巍巍长城到大厦皇皇。一定让你大饱眼福，心旷神怡！

　　"为了去远方"小舟带我们参观另一番景象，从轮子的使用到车马奔驰在秦驰道上，从跨湖桥约8000年前的独木舟到明代郑和下西洋的庞大船队，从丝绸之路到京杭大运河，从指南针到北斗导航，高铁如风驰电掣，"天问一号"探测器在火星工作一切正常。

　　在旅途中掬几朵历史的浪花吧，它们是我们祖先智慧的结晶。透过这些浪花，我们会窥见一个陌生、神奇而又熟悉的世界。时间塑造了这个世界，她见证了中华民族的过去，彰显了历史的智慧，昭示了光明的未来。驾上小舟，出发吧！

湖南农业大学通识教育中心副主任、科技史博士　史晓雷

现在，我们来到了"时间里的中国"的第三站——住。

上下五千年的中国历史源远流长，建筑也一直伴随其中。建筑不仅是技术科学和人文科学的结合，还是凝固的历史和艺术。从先人最早的山洞、茅草屋，到渐渐成形的院落，再到大型的宫殿、园林、寺院……历经岁月变迁，时间给我们留下无数文化遗产，那些久经风霜、斑驳古老的历史建筑，凝聚了古人的智慧，在历史的长河里闪耀着光芒。

古人最初的房屋长什么样？
为什么说良渚古城是"中华第一城"？
三国时期最知名的建筑是什么？
中国现存规模最大的唐代木结构建筑是什么？
中国古代建筑中的特有构件斗拱有什么作用？
紫禁城的屋顶藏着哪些秘密？
……

接下来，就让我们一起去探索吧！

大自然的礼物

距今两三百万年以前，地球上已经有人类生存。那时的人类还不懂得如何建造房屋。生活在野外的他们，每天面临着各种各样的威胁。后来，人们发现天然形成的洞穴不仅可以遮风避雨，驱热御寒，还能阻止野兽的攻击，于是人类开始居住在洞穴里。

旧石器时代，人们以打制石器为最主要的劳动工具，过着采集和渔猎的生活。

洞穴深处的空气稀薄，不利于生存，所以人类一般生活在靠近洞口的地方，内部低洼的地方用于储藏杂物，甚至用于埋葬死者。

考古专家通过对北京周口店龙骨山岩洞遗址的发掘，发现早在大约40万年前，北京猿人就能利用自然火烧烤食物和取暖，还懂得如何保存火种。

除了居住在洞穴里，人类还有一种居住方式——巢居。他们在几棵相邻的大树上架上横木，用藤条将它们捆绑在一起，然后铺上茅草、树叶、树枝等，搭建成一个如同鸟巢一样的小"屋子"。居住在高高的树上，既能防止猛兽虫蛇的侵扰，又方便采集和狩猎。

相传上古时代古人居无定所，饱受禽兽虫蛇的困扰。后来，有位圣人发现在树上建筑房屋既可挡风遮雨，又能躲避禽兽。人们拥立他为王，尊称他为"有巢氏"。

巢居的原始状态，从在单棵大树上筑巢到在多棵大树上筑巢。

并不是所有的山洞都适合居住，只有那些临近水源、洞口背风、较为干燥、大小合适的天然洞穴才是人类的首选。

形成一个聚落

距今大约 1 万年以前的新石器时代，人类不仅摸索出如何建造房屋，还掌握了饲养牲畜和种植农作物的方法。他们建造了大量房屋，聚居在一起，形成了一个聚落。

烧制陶器是新石器时代人类的重要发明之一，陶器是人类生活中必不可少的工具。

人们将活捉的动物圈养起来，用吃不完的粮食喂养它们，逐渐地驯化出猪、羊、狗、鸡、鸭等家禽家畜。

穴居的演变：人们逐渐将居住空间从地下抬升到地面上。

聚落的房子经过精心的布局，中心广场周围分布着一些居住区，每一组都是较小的房屋围绕着一座较大的房屋，可能是不同家族的住所。居住区的外围挖掘了壕沟，以保障安全。新石器时代的人类，用勤劳的双手改变着自然，改善着自己居住的环境。

这些分布在房屋四周的坑，有的用于储藏物品，有的用于丢弃垃圾。

中心广场是举办祭祀等重要仪式的地方。

半地穴式的房屋，其实是人们受到洞穴的启发，发明的一种过渡性的房屋。这种建筑一半居住空间深入地下，有利于防寒保暖，主要有方形和圆形两种。考古发现，这种房屋主要建造在我国北方黄河流域，这是因为北方气候干燥，地下不会很潮湿。

五千年良渚王国

距今约 5000 年前，在今天的杭州市余杭区，曾经出现过一个良渚古城。从严谨的城市规划可以看出，良渚古城几乎拥有一切都城该有的要素。

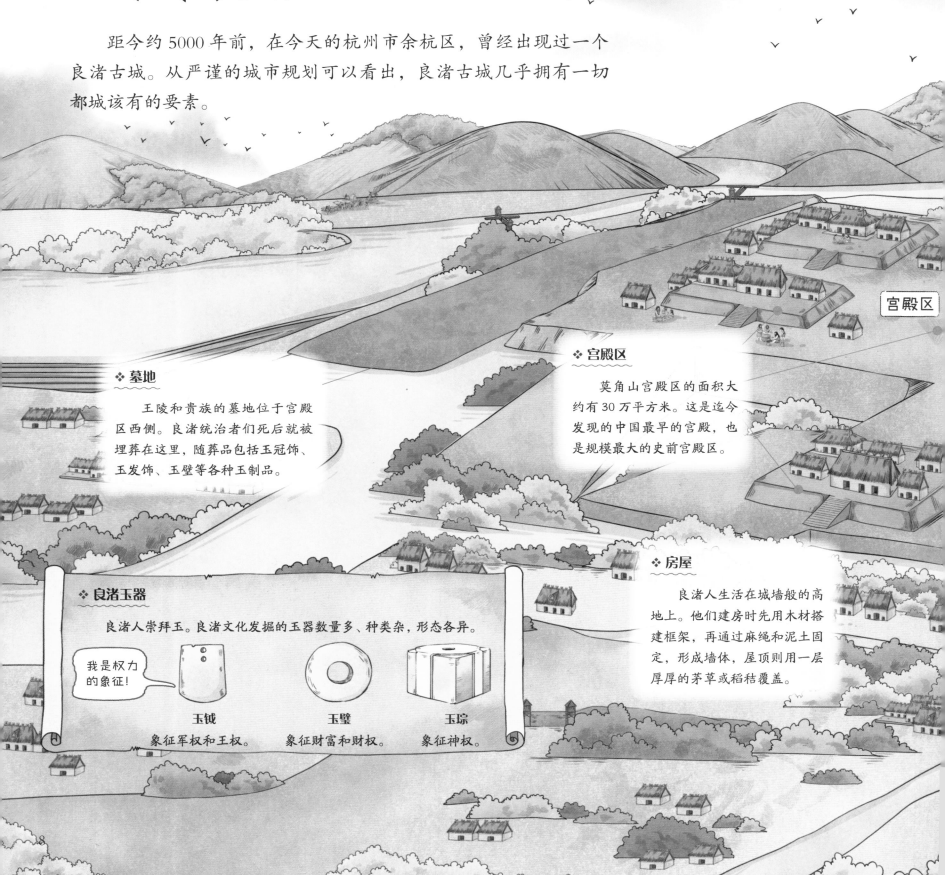

宫殿区

❖ 墓地

王陵和贵族的墓地位于宫殿区西侧。良渚统治者们死后就被埋葬在这里，随葬品包括玉冠饰、玉发饰、玉璧等各种玉制品。

❖ 宫殿区

莫角山宫殿区的面积大约有 30 万平方米。这是迄今发现的中国最早的宫殿，也是规模最大的史前宫殿区。

❖ 房屋

良渚人生活在城墙般的高地上。他们建房时先用木材搭建框架，再通过麻绳和泥土固定，形成墙体，屋顶则用一层厚厚的茅草或稻秸覆盖。

❖ 良渚玉器

良渚人崇拜玉。良渚文化发掘的玉器数量多、种类杂，形态各异。

我是权力的象征！

玉钺
象征军权和王权。

玉璧
象征财富和财权。

玉琮
象征神权。

经过数千年沉寂后，深埋于地下的良渚古城终于经考古学家之手，重现于世人面前。良渚古城是我们现在发现的新石器时代规模最大的遗址部落之一，集中反映了当时人类的生活状况。这座保存完好的巨大部落遗址，是 5000 多年前中华文明的代表，堪称"中华第一城"。

❖ **城市规划**

良渚都城分为宫殿区、内城和外城，三重结构开创了日后都城的模式。

雉山

❖ **内城**

良渚的内城最初是一片 3 平方千米的区域，宫殿区位于内城的中心位置。在宫殿土台外围，修筑有大概 30 米宽的高地，上面住人，临河而居。

内城

❖ **土台**

良渚宫殿的主要基础，是人工建造出来的土台，土台最厚的地方达 12 米。

外城

❖ **外城**

到了良渚晚期，先人们开始修筑外城，外城的模式也是一条高地、一条河的形式，当时的人们就生活在像城墙一样的高地上。

商王的宫殿

　　3300 多年前，商王盘庚将都城迁到今天河南省安阳市西北郊区洹河两岸，史书将这座都城称作"大邑商"。如今的"大邑商"遗址被考古专家称作"殷墟"，从发掘的遗址判断，这里曾有宫殿、宗庙祭坛建筑 50 余座，蔚为壮观。除此之外，殷墟还出土了大量的甲骨、青铜器、玉石器等珍贵文物，是早期中华文明的重要组成部分。

妇好墓

　　妇好是商王武丁的妻子。妇好墓是殷墟宫殿宗庙区内唯一保存完整的商代王室成员墓葬，其中陪葬的青铜器就有 468 件。此外，墓中还出土了 755 件玉器。

甲骨文

　　甲骨文是刻写在龟甲或者兽骨上的文字，是早期中华文明的辉煌成就。现在殷墟出土的甲骨总量约有 15 万片，单字 4500 多个，其中被成功释读出来的大概有 1500 个单字。

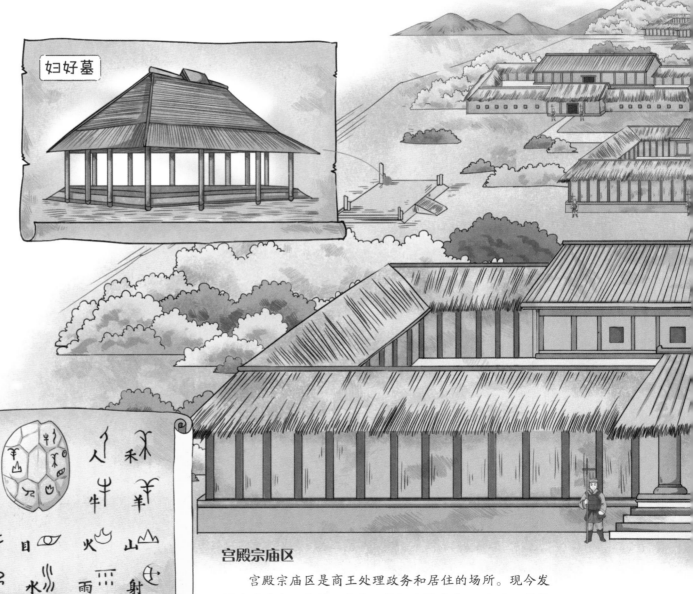

妇好墓

宫殿宗庙区

　　宫殿宗庙区是商王处理政务和居住的场所。现今发掘的遗址中，宫殿、宗庙、祭坛建筑多达 50 余座，装饰豪华，充分满足了商代王族居住、工作及祭祀等需求。

后母戊鼎

后母戊鼎高 133 厘米，口长 110 厘米，口宽 78 厘米，重 875 千克，是殷墟考古发掘以来出土的最重的青铜器，是商王为祭祀其母所铸造的青铜方鼎。

我是商代高度发达的青铜文化的代表。

后母戊鼎

青铜器

青铜器是中国青铜文化最重要的象征之一。商代的青铜器种类大致可以分为礼器、乐器、兵器、工具、生活用具、装饰艺术品和车马器等，种类丰富。仅在殷墟遗址出土的青铜器就多达四五千件。

青铜器

礼制的象征

商代的青铜器通常刻有复杂的花纹，比如虎头兽面、牛头兽面、鹿头兽面等，还有用作底纹的云雷纹。有些青铜器上还刻有铭文，用来记载人名、族徽或者记事。青铜器融入了商代人的精神内涵，是早期礼制和文明的象征。

车马坑

殷墟的车马坑是中国考古发现的畜力车最早的实物标本。商代马车造型美观，结构牢固，车体轻巧，运转迅速，能在高速行驶的状态下保持重心平稳，乘坐起来异常舒适，可见当时商王的生活是多么奢侈。

宏伟的秦朝宫殿

秦始皇统一六国后，发展政治、经济、文化，修筑了抵御匈奴的长城。他集中人力、物力，不断扩建秦国宫室咸阳宫。后来，他又开始修建阿房宫。秦始皇去世后，秦二世继续修建阿房宫和秦始皇陵。阿房宫被誉为"天下第一宫"，于1991年被确定为世界上最大的宫殿基址。

我是中国历史上第一个皇帝！

秦始皇陵

秦始皇陵，位于陕西省西安市临潼区城东 5000 米处的骊山北麓，是世界上规模最大、结构最奇特、内涵最丰富的帝王陵墓之一。秦始皇陵中分布着大量陪葬坑和墓葬，其中包括"世界八大奇迹"之一的兵马俑。

秦始皇

秦始皇嬴政，统一了六国，建立了中国历史上第一个大一统的封建王朝。

兵马俑

兵马俑是古代墓葬雕塑的一个类别，是制成兵马形状的殉葬品。秦始皇陵的兵马俑身材高大，一般高度在 1.8 米左右。据推算，一号坑、二号坑、三号坑加起来，大概有武士俑 7000 件、战车 100 辆、战马 100 匹。

咸阳宫

咸阳宫，秦帝国的大朝正宫，历代秦王和秦始皇接见各诸侯国使臣、贵宾，为皇帝祝寿举行盛大国宴等都在咸阳宫。秦始皇统一六国的过程中，不断对咸阳宫进行扩建，今天的人们难以想象它的壮观和雄伟。

秦长城

秦长城是在战国时期遗留的长城基础上修建的，西起临洮（今甘肃岷县）、东至辽东（今辽宁省的东部、南部及吉林省的东南部地区），共有万余里，所以被称作"万里长城"。今天我们看到的砖结构的长城其实是明长城。

阿房宫

阿房宫始建于秦始皇三十五年（公元前212年），是秦始皇劳民伤财修筑的庞大宫殿群，精巧华丽。考古发掘表明，阿房宫只建成了其中的前殿地基。

是呀，7000 多个兄弟陪着咱们呢。

咱们在这一号坑里待了有 2000 多年了吧。

13

丰富多彩的汉代建筑

两汉时期民居种类丰富，既有简陋的普通民居，也有多层的楼房，还有用墙围起来的庭院，除此之外，还有望楼、飞阁、水榭、阙等特色建筑。汉代长安城里开设的市肆，其布局一直应用到隋唐时期。汉代建筑的结构和样式已经趋于成熟。

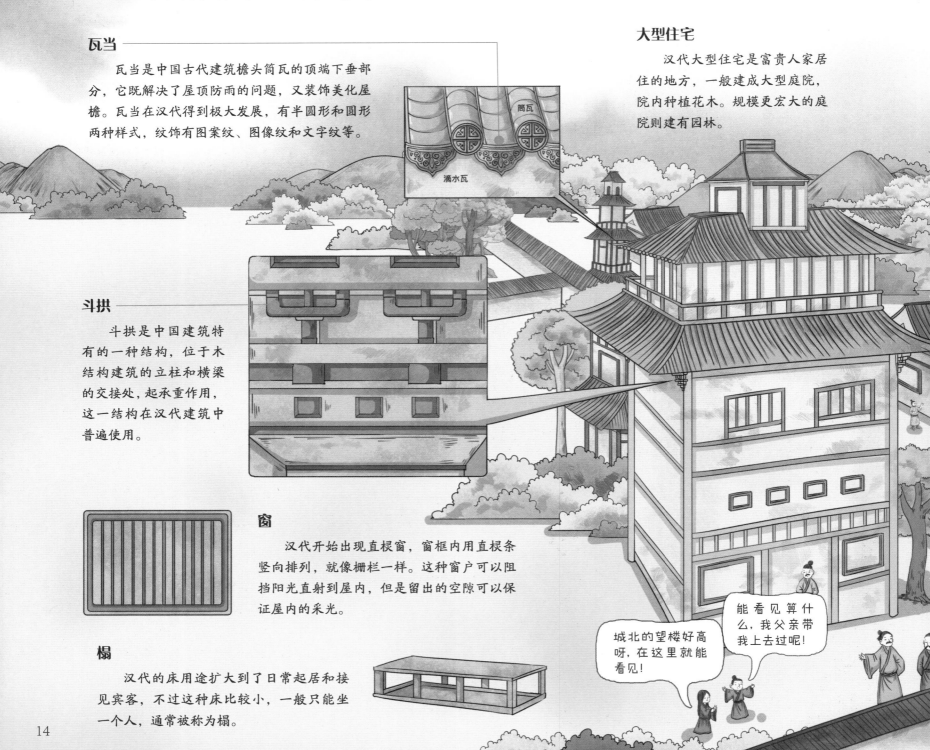

瓦当

瓦当是中国古代建筑檐头筒瓦的顶端下垂部分，它既解决了屋顶防雨的问题，又装饰美化屋檐。瓦当在汉代得到极大发展，有半圆形和圆形两种样式，纹饰有图案纹、图像纹和文字纹等。

筒瓦

滴水瓦

大型住宅

汉代大型住宅是富贵人家居住的地方，一般建成大型庭院，院内种植花木。规模更宏大的庭院则建有园林。

斗拱

斗拱是中国建筑特有的一种结构，位于木结构建筑的立柱和横梁的交接处，起承重作用，这一结构在汉代建筑中普遍使用。

窗

汉代开始出现直棂窗，窗框内用直棂条竖向排列，就像栅栏一样。这种窗户可以阻挡阳光直射到屋内，但是留出的空隙可以保证屋内的采光。

榻

汉代的床用途扩大到了日常起居和接见宾客，不过这种床比较小，一般只能坐一个人，通常被称为榻。

城北的望楼好高呀，在这里就能看见！

能看见算什么，我父亲带我上去过呢！

14

望楼

用于瞭望、守卫和防御的高楼。

小型住宅

小型住宅多见于汉代早期的民居或普通民众家里，有方形、矩形、"工"字形、"口"字形、"日"字形等，层数1~3层不等。

阙

阙是塔楼状的，通常修建在道路两旁，作为宫殿、庙坛、陵墓入口的标志。

市肆

西汉时，在长安城内西北方设置包纳六市的西市，以及包纳三市的东市。

15

铜雀台和运兵道

曹操在邺城建了著名的三台：金凤台（后更名为金虎台）、铜雀台、冰井台。曹氏父子与"建安七子"都曾登铜雀台赋诗。杜牧一句"铜雀春深锁二乔"，让铜雀台成为三国时期最有知名度的建筑。

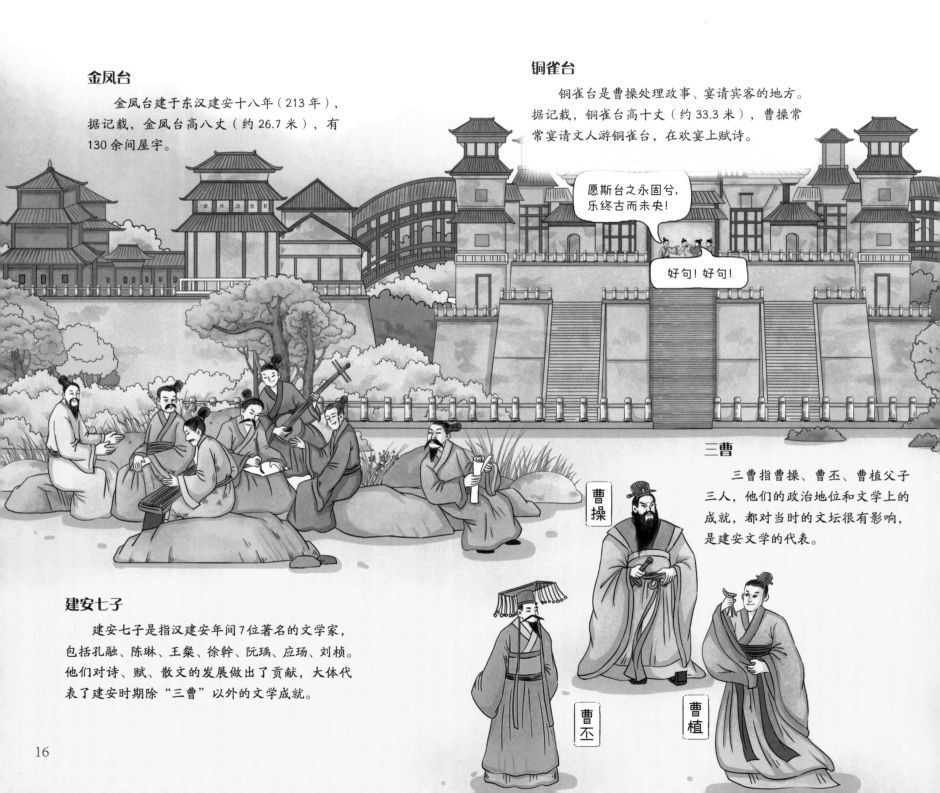

金凤台

金凤台建于东汉建安十八年（213年），据记载，金凤台高八丈（约26.7米），有130余间屋宇。

铜雀台

铜雀台是曹操处理政事、宴请宾客的地方。据记载，铜雀台高十丈（约33.3米），曹操常常宴请文人游铜雀台，在欢宴上赋诗。

三曹

三曹指曹操、曹丕、曹植父子三人，他们的政治地位和文学上的成就，都对当时的文坛很有影响，是建安文学的代表。

建安七子

建安七子是指汉建安年间7位著名的文学家，包括孔融、陈琳、王粲、徐幹、阮瑀、应玚、刘桢。他们对诗、赋、散文的发展做出了贡献，大体代表了建安时期除"三曹"以外的文学成就。

今安徽省亳（bó）州城下的曹操运兵道，是中国现存最古老、保存最完整的地下大型军事设施。目前运兵道已发现了8000余米长，被誉为"地下长城"。铜雀台与运兵道，充分展现了东汉末年到三国时期的建筑水平。

冰井台

冰井台因为上面有冰井而得名，据说这些冰井用于保存冰块和粮食。据记载，冰井台高约8丈（约26.7米），有3间冰室与凉殿。

曹操运兵道

曹操运兵道纵横交错、布局奥妙、结构复杂、规模宏伟，最初用于运送士兵，是曹操为军事需要专门修筑的地下军事战道。有单行道、平行双道、上下两层道、立体交叉道4种形式。

谯（qiáo）望楼

谯望楼是曹操运兵道的入口。据记载，东汉末年曹操修建的谯望楼高20多米，主要用于军事瞭望，是当时谯县最高的建筑。

单行道

运送士兵的主要通道，一般高1.7～2.1米，宽0.6～0.9米。

平行双道

相距3米左右的两条单行道，朝同一方向延伸。在两条道相靠近的道壁上往往留有方形传话孔，以方便两条道里的士兵互相传递信息。

南朝四百八十寺

魏晋南北朝时期，佛教空前繁盛。建康（今南京）作为东晋和南朝时期的首都，城内佛寺林立。据资料统计，南梁时的佛寺多达 2846 座！除了佛寺，这一时期还建造和开凿了一大批佛塔和石窟，其中嵩岳寺塔是我国现存最古老的砖塔，敦煌千佛洞、云冈石窟、龙门石窟、麦积山石窟堪称中国造像艺术的瑰宝。

石窟

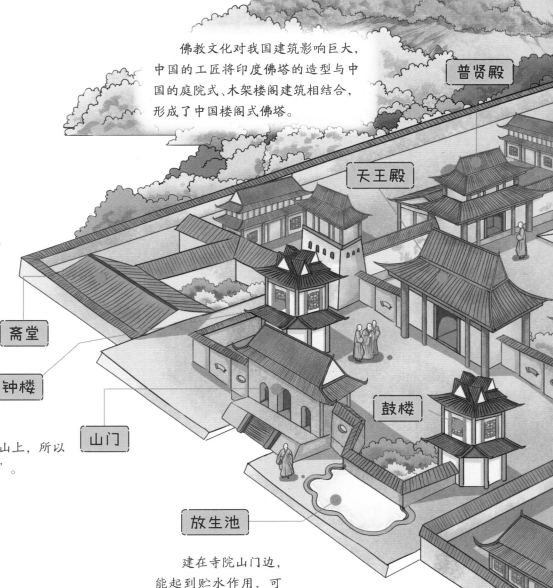

佛教文化对我国建筑影响巨大，中国的工匠将印度佛塔的造型与中国的庭院式、木架楼阁建筑相结合，形成了中国楼阁式佛塔。

普贤殿

天王殿

斋堂

钟楼

鼓楼

山门

放生池

客堂

石窟是在山崖陡壁上开凿的洞窟形的佛寺建筑。南北朝时期，凿崖造寺之风遍及全国。敦煌千佛洞、云冈石窟、龙门石窟、麦积山石窟全部开凿于魏晋南北朝时期，后世又有修缮和新增。

一般早晨先敲钟，以鼓相应；傍晚则先击鼓，以钟相应。

寺庙一般多建在山上，所以寺院的外门叫"山门"。

古人在建筑上有强烈的阴阳宇宙观和崇尚对称的审美观，寺院的主要建筑一般建在南北主轴上，东西两侧是附属设施。

建在寺院山门边，能起到贮水作用，可用来救火。

佛教传入中国后，最初的寺庙格局延续古印度以佛塔为中心，其他建筑围绕在佛塔周围的传统。南北朝时，大多数佛寺仍以佛塔为中心，但随着"舍宅为寺"风气的盛行，一些王侯贵族将宅地改建为佛寺，院落式佛寺建筑不断出现。隋唐以后，供奉释迦牟尼佛、僧众朝暮集中修持的大雄宝殿逐步取代佛塔的中心位置，成为寺庙的核心建筑。

大雄宝殿

观音殿

藏经楼

佛塔

为埋葬佛陀舍利，供佛徒绕塔礼拜而建。其名源于印度梵文，也有人译为"浮屠"，俗语"救人一命胜造七级浮屠"就源自这里。

中国现存唯一的塔身为十二边形的塔。

方丈室

地藏殿

南北朝时期的佛寺布局比较简单，可没有这么复杂。

嵩岳寺塔

始建于北魏正光元年至四年（520—523 年），距今已有1400 多年历史，是中国现存最早的砖塔。

文殊殿

古印度风格的火焰形门楣。

伟大的长安城

　　隋开皇二年（582年），隋文帝在城东南龙首山修建了宏伟壮观的大兴城。又经过很多年的建造，隋唐长安城内街道纵横交错，坊、市如棋盘式分布，布局严密，整齐划一，总面积达84平方千米，是当时世界上最大的都市。在长安城鼎盛时期，这里居住的人口超过了100万。

东、西二市

　　长安城的商业区，每个市约占两个坊的大小。据说，我们现在常说的"买东西"，就是源于隋唐长安城的东市和西市。

里坊

　　棋盘式布局将长安城分为108里坊。坊是官民生活区，坊与坊之间有坊墙隔着，管理严格，早上开坊门，晚上关门后百姓不得随意在坊内走动。每个里坊相当于一个小社区，里面不仅有住宅，还有寺院、商铺、酒楼等。越是靠近宫城的里坊，住的人等级也就越高。

　　东市周围里坊多皇室贵族和达官显贵宅第，所以市场经营的商品多为上等奢侈品。西市比东市繁荣，周围住的多是平民百姓，市场上卖的商品以日常生活用品居多。西市周围还居住着不少外商，是一个国际性的贸易市场。在南北安排13排坊，象征一年有12个月再加上闰月。

朱雀大街

　　这是一条长约5020米、宽近150米的超级大街，大致相当于现在的20条车道，是长安城的中轴线。

光福坊

　　刘禹锡就是在这里写下旷世名篇《陋室铭》的。

昭国坊

　　白居易曾住在这里，他这样描述如棋盘式分布的坊、市："百千家似围棋局，十二街如种菜畦。"

永兴坊

　　宇文恺曾住在这里。作为隋唐时期的城市规划大师、建筑巨匠，宇文恺除了以其高超的建筑技艺主持建造了长安城，还修建宗庙、仁寿宫，负责建设东都洛阳、开凿广通渠、修筑长城等。

寻找唐代建筑

　　初唐和盛唐时期国力强盛，文化繁荣昌盛，诗歌、绘画都取得了很大发展，建筑也不例外。除了有当时世界上最大的城市长安城，寺院、道观建筑也达到了很高的水平。1937年6月，梁思成、林徽因等人骑着骡子，长途跋涉，在人迹罕至的小山村中发现了巍峨的佛光寺，这座曾见诸于敦煌壁画，但却久已湮没无闻的古庙终于被找到。

斗拱技巧运用纯熟，承托起深达4米的出檐，充分展现了唐代雄奇的木结构建筑特色。

梁思成依据结构，加上周密的调查，证实了这座佛光寺东大殿是唐代建筑。从此，"中国没有唐代木结构古建筑"的断言终于画上了句号。

殿内有多尊巨大的唐代原塑佛像，以及珍贵的唐代壁画，是中国艺术史上难得的瑰宝。

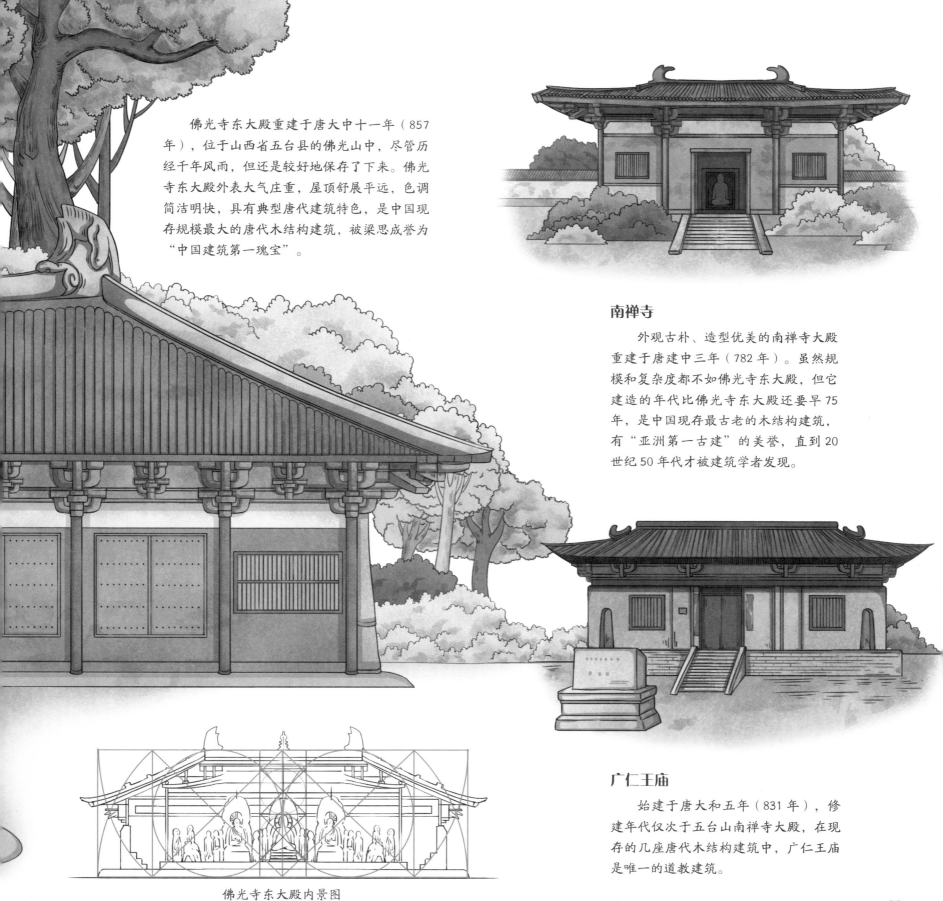

　　佛光寺东大殿重建于唐大中十一年（857年），位于山西省五台县的佛光山中，尽管历经千年风雨，但还是较好地保存了下来。佛光寺东大殿外表大气庄重，屋顶舒展平远，色调简洁明快，具有典型唐代建筑特色，是中国现存规模最大的唐代木结构建筑，被梁思成誉为"中国建筑第一瑰宝"。

南禅寺

　　外观古朴、造型优美的南禅寺大殿重建于唐建中三年（782 年）。虽然规模和复杂度都不如佛光寺东大殿，但它建造的年代比佛光寺东大殿还要早75年，是中国现存最古老的木结构建筑，有"亚洲第一古建"的美誉，直到20世纪50年代才被建筑学者发现。

佛光寺东大殿内景图

广仁王庙

　　始建于唐大和五年（831 年），修建年代仅次于五台山南禅寺大殿，在现存的几座唐代木结构建筑中，广仁王庙是唯一的道教建筑。

热闹的汴京城

唐朝的长安城施行里坊制，居民的互动受到严格的限制。到了宋朝，这样的城市布局被打破。

这座像彩虹一样横跨在汴河上的桥，就是"虹桥"。你注意到了吗？它没有桥柱支撑，更厉害的是，它没有用一根钉子，更不要说钢筋和水泥，完全是靠木架之间相互搭叠，用绳索捆扎的方式固定在一起。桥面上不仅有行人，还有摆摊卖东西的人，简直就是一个小型市场。

彩楼欢门：用木杆扎起的楼阁式的架子，是宋代酒楼的特殊装饰。

风信杆：为来往的船只指示方向。

广告招牌：意思是店里的美酒很香醇。

汴京城里的"外卖小哥"。

脚店：有官方酒水销售许可的餐饮机构，类似现在的小酒馆。

走在北宋首都汴京（今河南省开封市）的街上，你能看到各种各样的商铺，如酒楼、茶馆、医馆、小吃店、布匹店等。驮着货的骆驼、马匹，挤满了人的桥，停泊、进出港的船只，繁忙的市井生活，一点儿都不亚于现代的丰富生活。

这时的汴京城，是当时世界上人口最稠密、经济最发达、科技最先进的城市。到底有多热闹呢？让我们去张择端的《清明上河图》里看看吧。

桥下专门供纤夫行走的人行道和护栏。

《清明上河图》是由北宋末年著名画家张择端创作的风俗画，画卷宽 24.8 厘米，长 528.7 厘米，生动记录了汴京的市井生活，是汴京当年繁荣的最好见证。

了不起的斗拱

木结构建筑是我国古代的主流建筑，在新石器时期就已出现，到了北宋初年逐渐成熟。中国古代建筑为什么要做成飞檐呢？这是因为木头怕雨淋，所以屋檐要有一定尺寸的延伸，才能保护里面的建筑；而且因为木头的硬度比较小，容易变形，所以古代聪明的建筑工匠们发明了斗拱这个既坚固又美观的受力构件。很多建筑尤其是一些大型建筑都有斗拱，紫禁城太和殿的斗拱数量竟多达数千个！

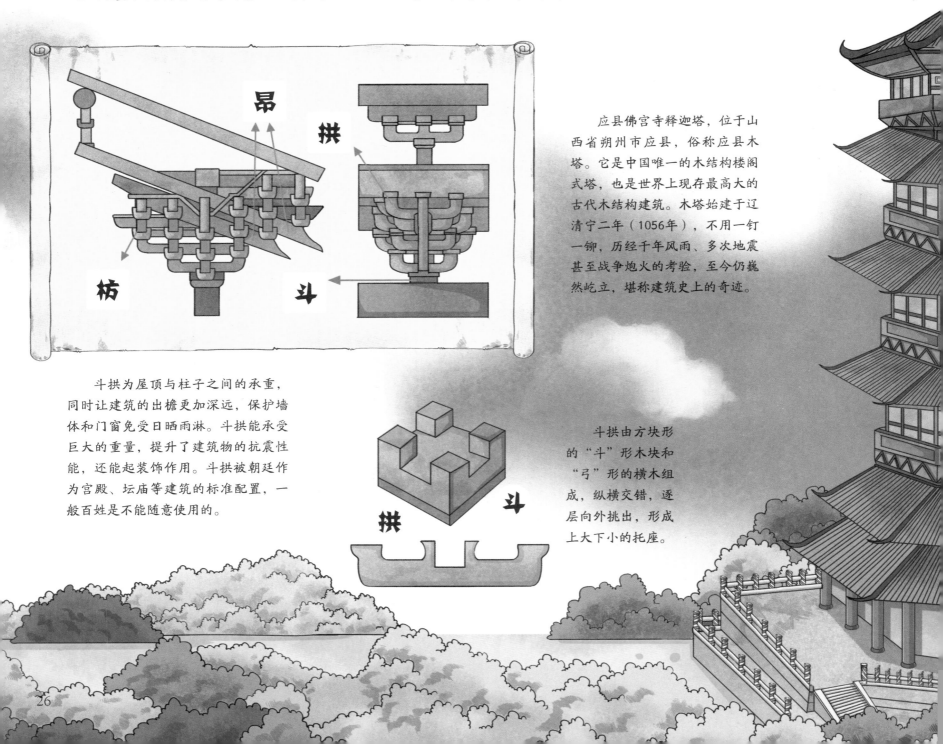

应县佛宫寺释迦塔，位于山西省朔州市应县，俗称应县木塔。它是中国唯一的木结构楼阁式塔，也是世界上现存最高大的古代木结构建筑。木塔始建于辽清宁二年（1056年），不用一钉一铆，历经千年风雨、多次地震甚至战争炮火的考验，至今仍巍然屹立，堪称建筑史上的奇迹。

斗拱为屋顶与柱子之间的承重，同时让建筑的出檐更加深远，保护墙体和门窗免受日晒雨淋。斗拱能承受巨大的重量，提升了建筑物的抗震性能，还能起装饰作用。斗拱被朝廷作为宫殿、坛庙等建筑的标准配置，一般百姓是不能随意使用的。

斗拱由方块形的"斗"形木块和"弓"形的横木组成，纵横交错，逐层向外挑出，形成上大下小的托座。

斗拱本身就是建筑物的标准模块，可以像积木那样组装施工，大大提高了建筑工程的效率。

李诫（？—1110 年），北宋著名建筑家，郑州管城县（今河南新郑）人。他博览群书，结合在长期掌管工程项目的实践过程中所积累的经验，以及不断向有经验的工匠请教，最终编修了《营造法式》。

《营造法式》系统总结了当时社会上存在的建筑设计和施工规范，是我国古代最完善的建筑技术专书，对后世的建筑产生了深远影响。

营造法式

观星台里的天文记忆

元朝统一全国前，南北两种历法相差较大，日食月相预测不准，连二十四节气都常被推算错误。因此，元世祖忽必烈登基后不久，就任命郭守敬等人在全国范围内进行天文观测，编制新的历法。此后，27座观测站先后在全国拔地而起，还建成了闻名于世的中心观测站——登封观星台。郭守敬还与王恂、许衡等编制了当时世界上最先进的历法——《授时历》，这部历法与现代科技推算出的太阳运行周期仅相差26秒，比欧洲领先了300多年！

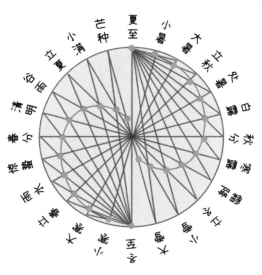

横梁

太阳将横梁的影子投射到石圭的刻度上，古人根据石圭上横梁的投影长短变化来测算时节，比如冬至这天的影子最长，夏至这天的影子最短。

二十四节气

2016年，"二十四节气——中国人通过观察太阳周年运动而形成的时间知识体系及其实践"，被列为世界非物质文化遗产，被天文学家称为中国的"第五大发明"。观星台则被定为二十四节气发祥地。

石圭

像一把长尺子，其实是由36块青石平铺而成，长约31米，用于度量日影长短，因此也称"量天尺"。

仰仪

一种观测太阳位置的仪器，透过它可以观察太阳一年中的位移。

正方案

郭守敬设计的一种测定方向的仪器。

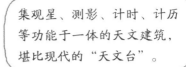
集观星、测影、计时、计历等功能于一体的天文建筑，堪比现代的"天文台"。

台顶上的小屋，建于明代，保护仪器不受日晒雨淋。

观星台由坚硬的青砖石建成，好似一座城堡，分为"台体"和"石圭"两大部分。

快午时了，我得上去测量了。

两侧设有对称的登台通道，盘旋而上可以到达台顶。

郭守敬

中国古代杰出的科学家，在天文仪器制造、天文观测、水利工程建设方面都有突出成就。1970年，国际天文学会以郭守敬的名字把月球上的一座环形山命名为"郭守敬环形山"。

周公测景台

在观星台南侧，由周公旦始建，唐代复建。相传3000多年前，周公旦首创这种土圭，并通过观测土圭的影子长短来推算时间和季节。

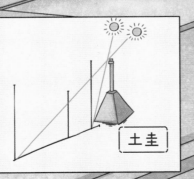

土圭

登封观星台

由郭守敬在1279年主持修建，至今已有700多年的历史。它是中国现存最早的天文观测建筑，也是世界上重要的天文古迹之一，反映了中国古代科学家在天文学上的卓越成就，在世界天文史、建筑史上都有很高的价值。2010年，包括观星台在内的登封"天地之中"历史建筑群被列入《世界遗产名录》。

故宫屋顶的秘密

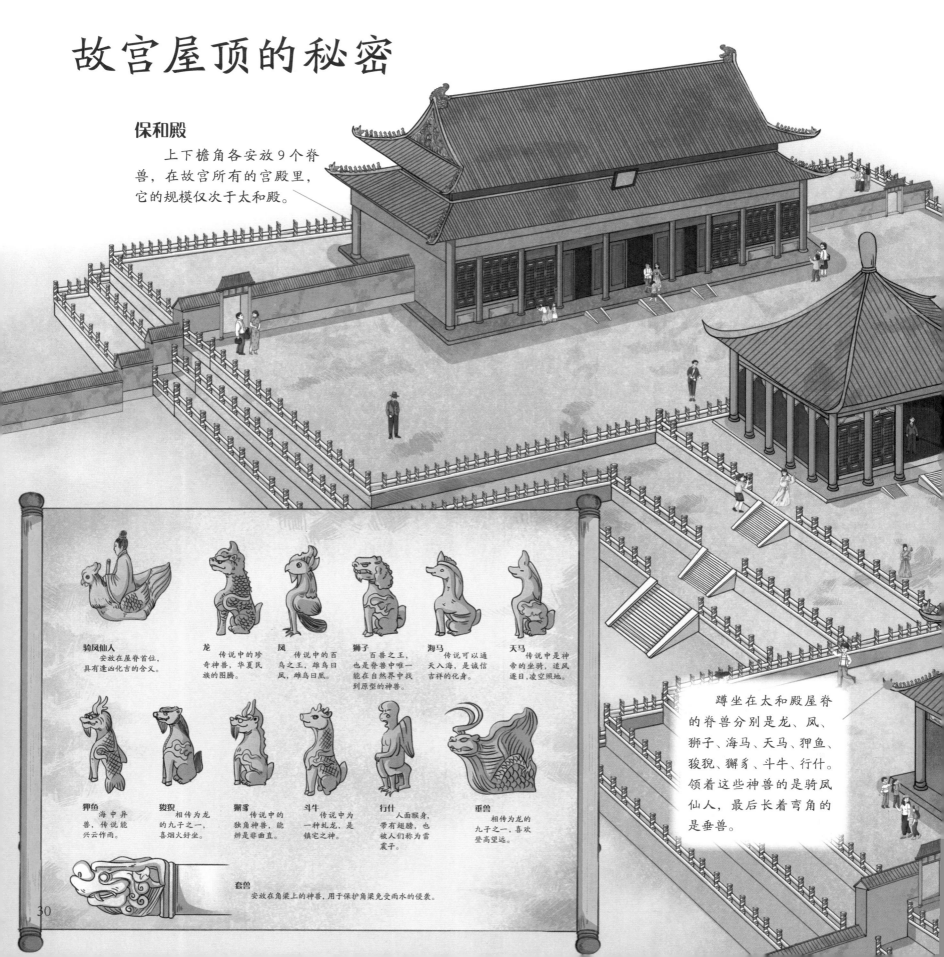

保和殿

上下檐角各安放9个脊兽，在故宫所有的宫殿里，它的规模仅次于太和殿。

骑凤仙人
安放在屋脊首位，具有逢凶化吉的含义。

龙
传说中的珍奇神兽，华夏民族的图腾。

凤
传说中的百鸟之王，雄鸟曰凤，雌鸟曰凰。

狮子
百兽之王，也是脊兽中唯一能在自然界中找到原型的神兽。

海马
传说可以通天入海，是诚信吉祥的化身。

天马
传说中是神帝的坐骑，追风逐日，凌空照地。

狎鱼
海中异兽，传说能兴云作雨。

狻猊
相传为龙的九子之一，喜烟火好坐。

獬豸
传说中的独角神兽，能辨是非曲直。

斗牛
传说中为一种虬龙，是镇宅之神。

行什
人面猴身，带有翅膀，也被人们称为雷震子。

垂兽
相传为龙的九子之一，喜欢登高望远。

套兽
安放在角梁上的神兽，用于保护角梁免受雨水的侵袭。

蹲坐在太和殿屋脊的脊兽分别是龙、凤、狮子、海马、天马、狎鱼、狻猊、獬豸、斗牛、行什。领着这些神兽的是骑凤仙人，最后长着弯角的是垂兽。

故宫，旧称紫禁城，是明清两代的皇家宫殿，共有24位皇帝曾在这里生活过。气势恢宏、磅礴壮美是故宫的主旋律，是时代赋予它的标签。600多年过去了，尽管当年的帝王们早已化作史籍上的文字，但故宫仍向世人展示着建造者们精湛的技艺。

当我们走入故宫，抬头望向金碧辉煌的屋顶时，你会惊奇地发现，那些乍看上去一样的屋顶，不仅造型不一样，就连屋脊上蹲坐的"小动物"也各不相同。让我们一起来揭秘故宫屋顶的秘密吧！

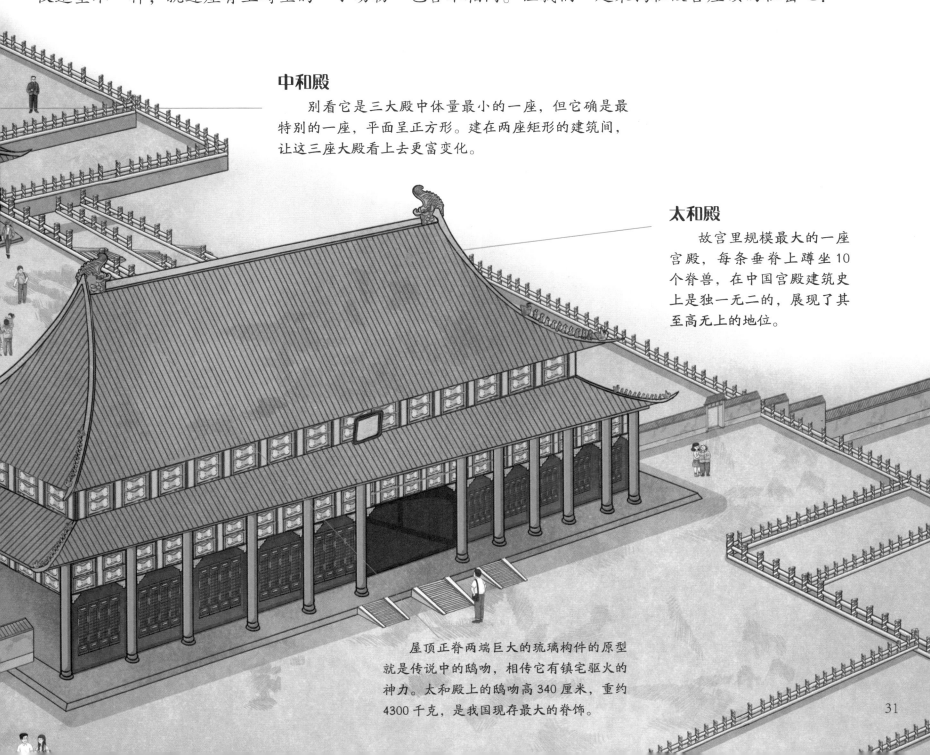

中和殿

别看它是三大殿中体量最小的一座，但它确是最特别的一座，平面呈正方形。建在两座矩形的建筑间，让这三座大殿看上去更富变化。

太和殿

故宫里规模最大的一座宫殿，每条垂脊上蹲坐10个脊兽，在中国宫殿建筑史上是独一无二的，展现了其至高无上的地位。

屋顶正脊两端巨大的琉璃构件的原型就是传说中的鸱吻，相传它有镇宅驱火的神力。太和殿上的鸱吻高340厘米，重约4300千克，是我国现存最大的脊饰。

藏在民居里的密码

中国自古幅员辽阔，地大物博，不同地域和民族的建筑在布局结构、建筑材料、装修风格上都有着极大的差异。随着时间的流逝，中国的传统建筑，特别是老百姓居住的民居，形成了不同的建筑流派，如北方的四合院、皖南的徽派建筑、陕北的窑洞、福建的土楼、内蒙古的蒙古包、南方的吊脚楼等。虽然各种流派风格迥异，各成一景，但都是中国传统建筑的瑰宝。

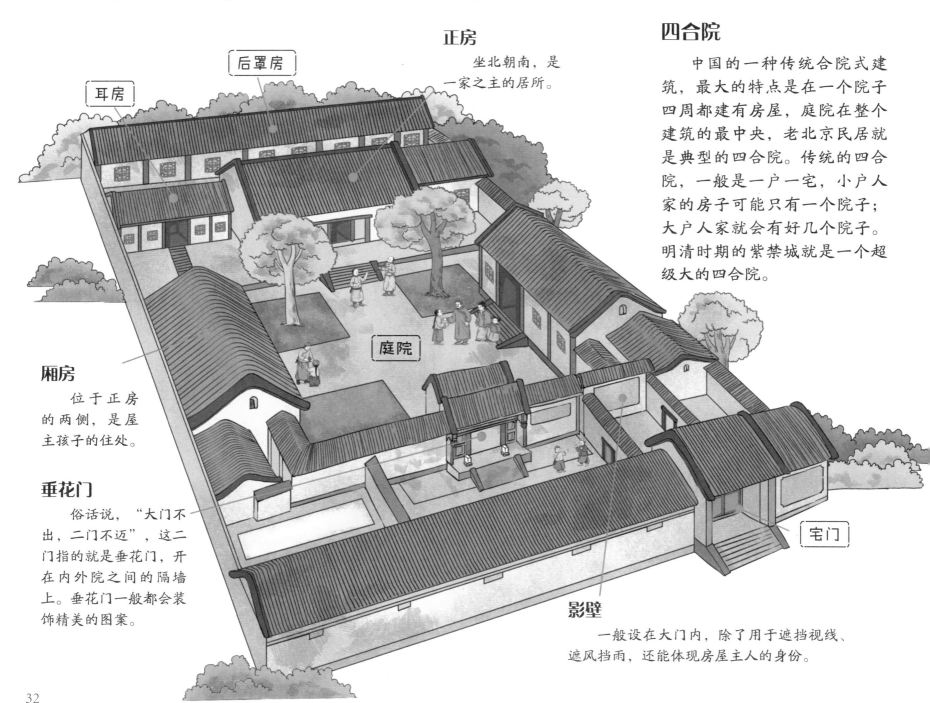

后罩房

耳房

正房

坐北朝南，是一家之主的居所。

四合院

中国的一种传统合院式建筑，最大的特点是在一个院子四周都建有房屋，庭院在整个建筑的最中央，老北京民居就是典型的四合院。传统的四合院，一般是一户一宅，小户人家的房子可能只有一个院子；大户人家就会有好几个院子。明清时期的紫禁城就是一个超级大的四合院。

庭院

厢房

位于正房的两侧，是屋主孩子的住处。

垂花门

俗话说，"大门不出，二门不迈"，这二门指的就是垂花门，开在内外院之间的隔墙上。垂花门一般都会装饰精美的图案。

宅门

影壁

一般设在大门内，除了用于遮挡视线、遮风挡雨，还能体现房屋主人的身份。

徽派建筑

中国传统建筑中的一个重要流派，主要流行于古徽州地区及其周围。徽派建筑多为院落式，正对大门的是厅堂，厅堂前面有"天井"，主要用于通风采光，也有四水归堂的寓意。

我虽然没有北方四合院那样霸气，但我身上雕刻着精美的纹饰。

天井

纹饰雕刻

砖雕

马头墙

因为造型酷似马头，所以得名。因为有防火的作用，所以马头墙又叫封火墙、防火墙。马头墙上没有窗子，房子通风采光就靠天井。下雨时，雨水会顺着屋面流到天井中间的蓄水池里，这就是徽派建筑的一大特点——四水归堂。

土楼

是客家人聚族而居，用泥土夯筑的大型楼房住宅，主要分布在福建地区。土楼最大的特点是它的造型，常见的有方楼和圆楼两种。

土楼是一种集体性建筑，可以同时居住三四十户人家，最大的有五百间房！

蒙古包

蒙古族牧民居住的一种房子，建造和搬迁都很方便，非常适合蒙古人的游牧生活。

外面看着小，里面的空间大着呢！

窑洞

我国西北黄土高原上特有的一种房屋，这里的黄土层特别厚，老百姓充分利用大自然的馈赠，建造成冬暖夏凉的房屋。

窑洞中最特别的要数这种下沉式的窑洞了，在平地上向下挖院式天井，再在井壁横向挖窑洞，分正房和厢房，入口坡道在东南角。

吊脚楼

一种干栏式建筑，下层架空，上层铺木板做居住用，主要分布于我国南方地区，特别是水系发达的地区。由于其底层架空，对防潮和通风极为有利。

楼下巨大的空间，不仅可以储物，还可以饲养一些家禽家畜。

保家卫国的建筑

在封建社会时期，民族矛盾、阶级矛盾错综复杂，有时无法和平解决，只能动用武力。因此，人们为了更好地居住和生活，就考虑如何让建筑具有防御功能。其实，城池本身就是一个防御性工程。每建一座城，都建有城墙、城楼、角楼等，城门白日开启，夜间关闭。还有一些建筑，是为了保卫疆土不被外敌侵入而建造的，如长城，就是我国古代重要的军事防御工程。

明长城

1368 年，统治了中国近百年的元朝，被明王朝击退到长城以北。为了防止蒙古人卷土重来，明王朝在 270 多年间几乎没有停止过修长城，使明长城成为历代长城中工程规模最大、功能最完善的军事防御体系。

烽燧

又称烽火台，长城防御体系的一个重要组成部分，用于传递军情。

明朝开始大规模使用砖石砌筑城墙，这样的墙体更加坚固耐久。我们今天看到的用砖修建的长城，就是明长城。

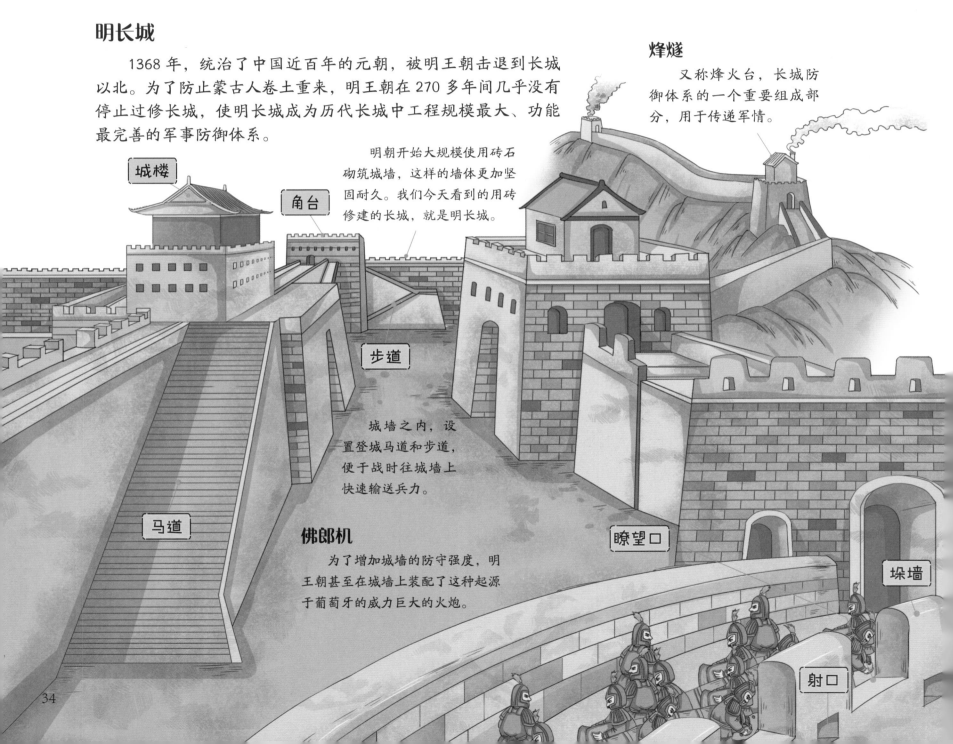

城墙之内，设置登城马道和步道，便于战时往城墙上快速输送兵力。

佛郎机

为了增加城墙的防守强度，明王朝甚至在城墙上装配了这种起源于葡萄牙的威力巨大的火炮。

城楼

角台

步道

马道

瞭望口

垛墙

射口

皇城相府

位于山西省晋城市阳城县北留镇，清朝名臣陈廷敬的故居。建于明末清初的城堡式建筑群，包括内城、外城等部分，防御设施齐备，乱世时抵挡住了起义军的数次围攻。

西安城墙

我国现存规模最大、保存最完整的古代城垣，现存城墙主要是明代建筑。

平遥古城

位于山西省晋中市平遥县，完好地保留了明清时期县城的基本风貌，建有牢固的城墙、城楼、瓮城、角楼等防御建筑。

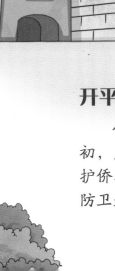

开平碉楼

位于广东省开平市，19世纪初，广大侨胞为了防洪防盗，保护侨眷安全，兴建了这种居住和防卫兼备的碉楼。

中西合璧

清朝末年，随着中国的大门被打开，西方风格的建筑传入中国。1912—1949 年，虽然时间不长，却是一段承上启下的特殊时期。这一时期的建筑，既保留了中国建筑的传统风格，又吸收了一些西方建筑风格，涌现出一大批中西合璧的建筑，种类多样，并形成一种独特的风格——民国建筑。这一时期建筑大家辈出，如杨廷宝、童寯（jùn）、梁思成等，他们留下的民国建筑风格和思想，也影响了后来的建筑设计风格。

店内还安装有中国现存最老的电梯（1924 年建）。

天津利顺德饭店

始建于 1863 年，迄今已有 150 多年的历史，整体建筑透露出浓郁的英国风情。

上海海关大楼

最早建于 1845 年，1925—1927 年重建，整体设计为古希腊神庙形式，门廊 4 根经典的希腊多立克柱支撑起庞大的建筑。

吉林西站

1928—1930 年建造，采用哥特式尖屋顶建筑，造型似雄狮伏卧，被称为中国最美火车站。

去南京看民国建筑

1927 年，国民政府定都南京后，政府部门大兴土木，政府要员也要盖房建屋，因此建造了各类建筑。这些民国建筑，既有南方建筑的灵巧细腻和北方建筑的端庄浑厚，又吸收了西方古典建筑的雍容典雅和现代建筑的简洁明快，直到今天，依然是南京建筑中的一大景观，令人驻足流连，宛如一个近现代建筑艺术博物馆。

金陵大学礼堂

现南京大学大礼堂，1917—1918 年建造，材料和构架为西式，造型和装饰是中式的。

总统府

南京民国建筑的主要代表之一，门楼建于 1929 年，典型的古罗马建筑风格。

门口的石狮子来自以前清朝时的总督署。

紫金山天文台

1930—1934 年建造，是我国自行设计建造的第一座现代化天文台。由于它的建筑美轮美奂，仪器名贵，一经建成即在国内外颇负盛名，被称为"远东第一台"。

中央体育场

1930—1933 年建造，民国时期最大的体育馆，整个建筑为钢筋混凝土结构，同时采用中国传统纹样装饰。

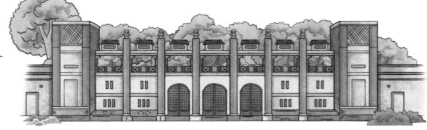

中山陵音乐台

1932—1933 年建造的露天舞台，是中山陵的配套建筑，兼顾了古希腊建筑和江南古典园林特色。

拔地而起的新建筑

　　随着历史的车轮不断地向前，不知不觉，我们已经来到这趟建筑之旅的最后一站。中华人民共和国成立后，百废待兴的国家兴建了中国美术馆、人民大会堂、民族文化宫、北京火车站等一批新建筑。改革开放后，随着经济的迅猛发展和国内外文化交流的频繁，各种各样的现代化建筑拔地而起，它们或别具一格，或结合传统，或充满人文关怀，或引人深思……

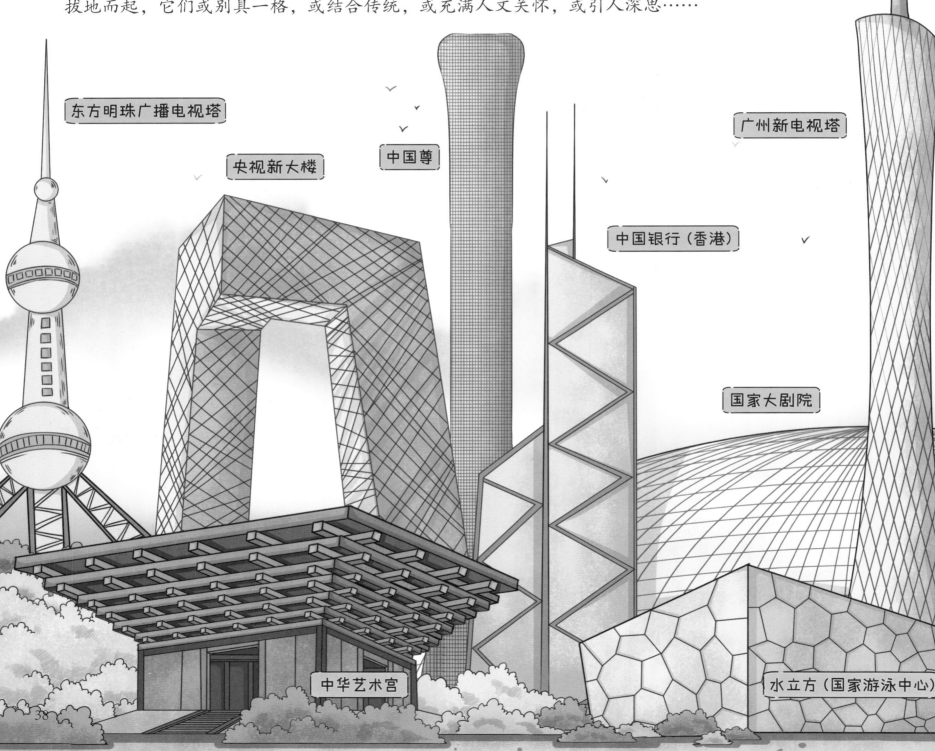

东方明珠广播电视塔

央视新大楼

中国尊

广州新电视塔

中国银行（香港）

国家大剧院

中华艺术宫

水立方（国家游泳中心）

38

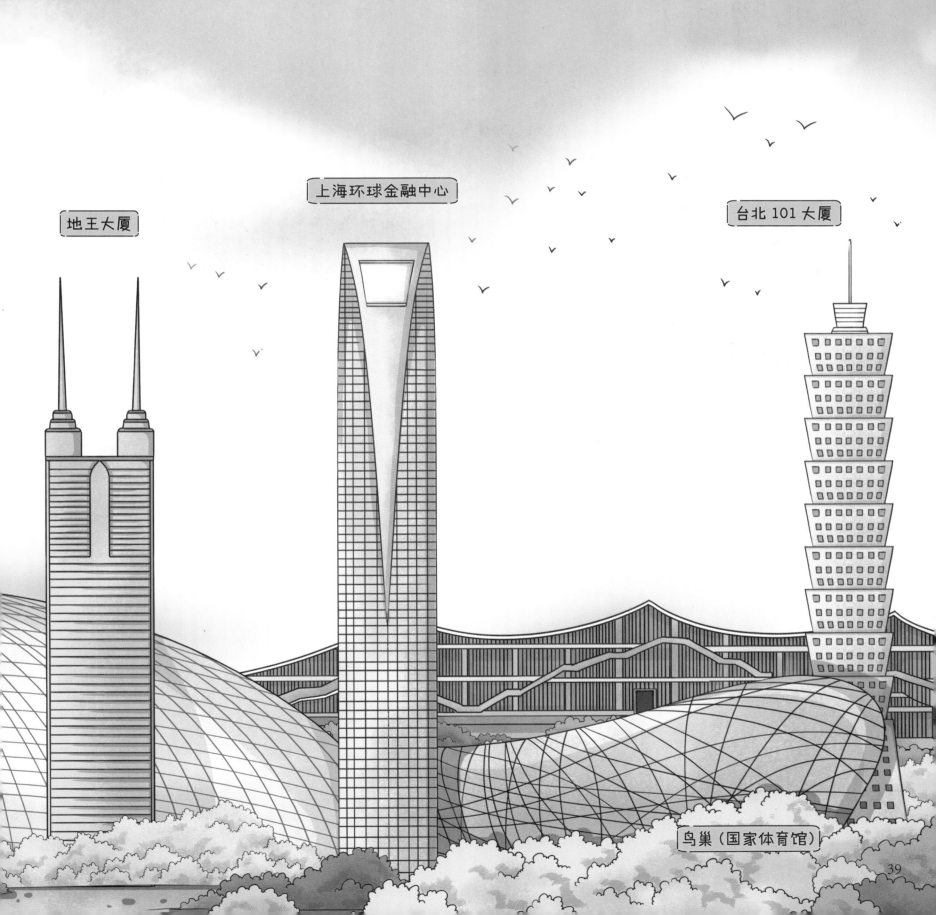

地王大厦

上海环球金融中心

台北 101 大厦

鸟巢（国家体育馆）

39

建筑物排序

    每个人都离不开建筑，它们为我们遮风挡雨，为我们的生产、生活、工作和学习提供活动场所。看了这么多的建筑，相信大家对中国的建筑都有一定程度的了解了吧！那你能按照从古到今的顺序将下列建筑物重新排列，并写出它们是什么建筑吗？

①

②

③

④

⑤

⑥

⑦

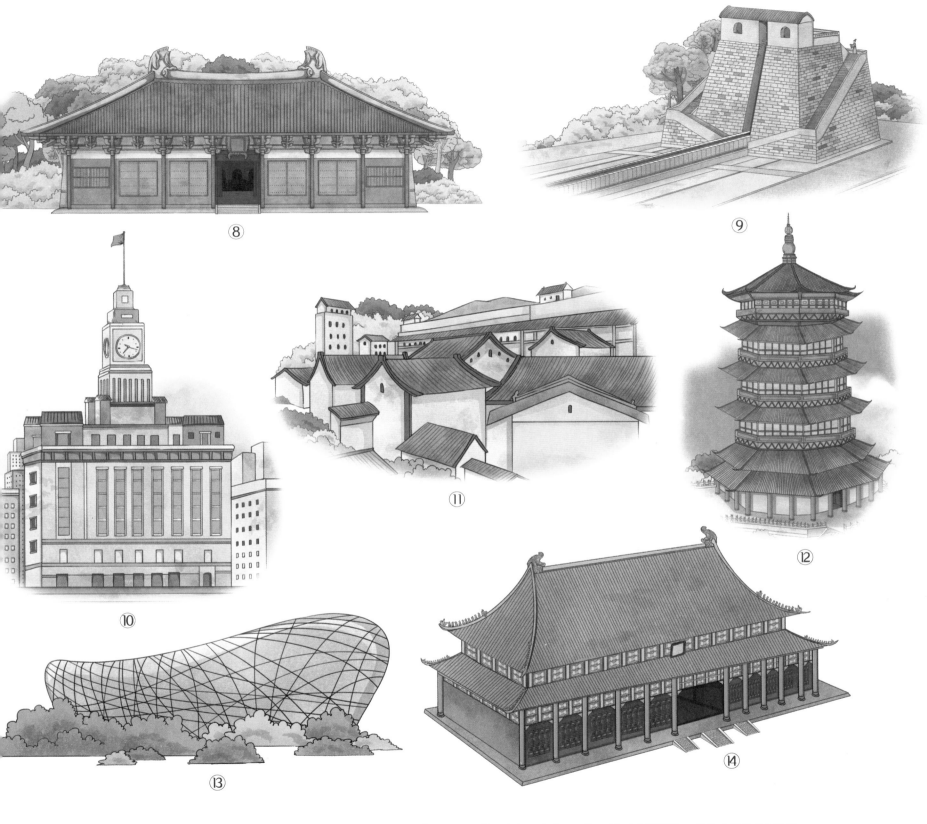

⑧　⑨

⑩　⑪　⑫

⑬　⑭

答案：①树上屋　③半坡方式房屋　⑤陕西石卯城　④侗族鼓楼　⑦泉色寺塔
⑧佛光寺大殿　⑨瓮城及水城　⑪苏州圆林　⑭故宫　⑩上海海关大楼　⑬鸟巢

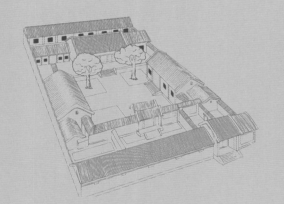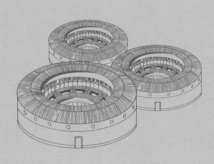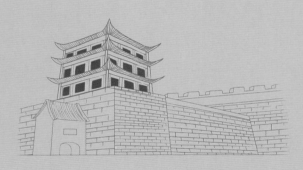